監修
月刊つり人編集部 編

はじめに

外来種のイメージ

「あ、出ました！　これは外来種の○○ですね。在来種を食べてしまうこともある獰猛な種です……」

このところテレビを見ていると、やたらと「外来種」という言葉が聞こえてくるようになった。かつて水生昆虫好きで池や沼でガサガサを楽しんでいた記者も、テレビで『池の水ぜんぶ抜く！』を見ては「ああ、こんな大がかりなことができたら、きっといろいろな生きものが採れるんだろうな……」とワクワクしてしまう。

しかし、近年の外来種問題については、どうも違和感がぬぐえない。子どものころにスルメイカで釣っていたアメリカザリガニや、水草の陰に潜んでいるのをドキドキしながら眺めたライギョ。さらにはそのへんにいるコイやニジマス。彼らがひとくくりに外来種と言われ、日本にいてはいけないもの、即刻退去すべし！というニュアンスで語られるのは、どうも納得できないのだ。

もちろん在来種を食べる、交雑する、爆発的に増えるなど、生態系に影響を及ぼす種もいるだろう。人間に危害を加える、たとえばヒアリなんかも問題だ。しかしだからといって、池の水を全部抜いて、外来種をすべて駆除するというのはどうなのか？　そもそも、人の手ですべて駆除することなどできるのか？　いろいろと考えてしまうのである。

特に気になるのは、子どもが目にすることも多いテレビ番組で、外来種だから駆除＝殺していいという理論が、正義のように語られる部分。生きものの命を、そんな風に区別してしまっていいものなのかどうか……。

考えるきっかけになる1冊

頭のなかのモヤモヤが消えない記者は某日、とある生物学者の家を訪ねた。

呼び鈴を鳴らすと笑顔で玄関に出てきてくれたのは、池田清彦さん。早稲田大学名誉教授、山梨大学名誉教授、東京都立大学理学博士などの肩書を持つ生物学者。著書のなかには『底抜けブラックバス大騒動』もあり、外来種問題には詳しい方だ。

さっそくですが……と来意を告げると、池田先生はまず『外来種は本当に悪者か？ 新しい野生 THE NEW WILD』（フレッド・ピアス著 草思社刊）を紹介してくれた。本書では、外来種による影響の実例を数多く紹介している。これを読むと、外来種だからといって無暗に排除するのは、かえって私たちにとってマイナスになるケースがあるように思える。たとえば無人島において、外来種の侵入により植物の種類が増えた例や、ミミズなど人間にとって有益な外来種もいることなど、単純に外来種＝悪とはいえないことが分かる。詳しい内容については、実際に読んでいただきたい。現在の日本における外来種問題を、ちょっと違う視点から眺めるきっかけになるはずだ。

外来種の影響とは

外来種は、直接人間に被害を与える場合を除き、生態系に対して、

①在来種を捕食する。
②在来種と競合する。
③在来種と交雑する。

という影響が考えられる。これらはもちろん事実だが、実際にどの程度の影響があるのかは、種によって、あるいは場所によって異なる。つまり明らかに駆除すべき種と（それでも増えてしまうものなのだが……）、それほど影響のない種が混在する。そしてそれほど影響がない場合でも、外来種というレッテルが貼られれば、その命が奪われてしまうケースが多々あるのだ。もっともこの「影響」の考え方はさまざまだが。

また外来種の駆除は、多くの場合とても困難で、現実的には不可能という種も数多くいる。たとえば1つの池で外来種をある程度減らしたとしても、国内から駆除することは無理だ。そもそも1つの池ですら、いったん増えてしまった外来種をゼロにするのは難しいだろう。

つまり、事実上駆除が不可能で、なおかつ影響があまり大きくないと判断できるのなら、

外来種にもっと寛容であってよいのではないだろうか。不可能なことにエネルギーを使うより、共存の道を模索したほうが、建設的といえるのではないだろうか。

もう一度考えてみよう

本書の主張をシンプルにまとめてしまえば、外来種問題は「ケース・バイ・ケース」で考える必要があるのではないか、ということになる。駆除すべきは駆除し、共存可能なら共存していくのが、今後のありかたではないだろうか。

外来種と在来種の定義もあいまいな今、それだけ根拠として命の選別を行なうのは問題だろう。

人が運んだからといって、外来種を自然のものではないように扱うのは無理がある。そもそも人の手が加わっていない環境は、すでにこの日本にはない。多くの生物種が、人が支えてやらなければ生きていけなくなった今、私たちはもう自然を放っておくことはできない。

外来種がいることも含め、この日本の自然をよりよいものにしていくことが、今は必要なのではないだろうか。

目次

カバー写真©浦 壮一郎

第1章

外来種と在来種の境界線

いつ入ってきたら外来種なの？

　外来種と在来種の線引きは、実はけっこう難しい。

　たとえばコイは外来種という話もあるが、一部地域には在来のコイもいるとされる。その区別は、当然ながら難しい。そして外来種のコイも、日本に入ってきたのは正確な年代が不明なほど大昔のことで、こういった種についても外来種とするのは無理があるように思える。まずはこの点を、池田清彦先生に聞いてみた。

「外来種かどうかの定義は曖昧なものです。外来生物法によれば、特定外来生物は基本的には明治以降に入ってきた種です。たとえばモンシロチョウは、奈良時代に作物と一緒に日本に入ってきたとされています。沖縄に入ったのは戦後のようですね。しかしモンシロチョウを外来種だと思っている人は、あまり多くありません」

　モンシロチョウは現在、温帯や亜熱帯の地域に広く分布している。キャベツなどに付くので駆除されているが、それは外来種だからというより、単に害虫だからということのようだ。ど

コイを外来種と呼ぶのには、抵抗がある人が多いのでは。国内にもともといたコイもいるといわれており、その区別は難しい。移入された時期も、正確にはわかっていない

都市部でも住宅に侵入して問題になっているハクビシンは、実はかなり古くから日本にいる種なので、特定外来生物には指定されていない

アニメの影響で、一時は人気のあったアライグマ。現在は駆除の対象である

ここでもいるこのチョウを絶滅させるのは、たぶん不可能だろう。

「逆にハクビシンは外来種だと思っている人が多いと思いますが、実は明確に外来種といえないんです。江戸時代の絵にも登場しているようですし、外来種だとしてもかなり古くから日本にいる種だと考えられています」

江戸時代に描かれた「雷獣」がハクビシンに似ているといわれており、そのころにはすでに日本に入ってきた可能性がある。また先述の外来生物法では、たしかにハクビシンは特定外来生物に指定していない。一方でよく似たアライグマは北アメリカ原産のほ乳類で、こちらは1960年代に野外での繁殖が確認され、特定外来生物に指定されている。

テレビアニメ『あらいぐまラスカル』で人気の出たアライグマは、飼育のために国内に多く運ばれた。それが野生化して、今は駆除されるという悲しい状況に置かれている。

在来種から格下げされたカメ？

さらに微妙な例が、クサガメだ。クサガメは長い間、在来種だと考えられてきた。少し古い図鑑なら、そのように記載されているだろう。しかし最近の研究により、実は18世紀の後半に朝鮮半島から持ち込まれた種だということがわかった。

クサガメはニホンイシガメと交雑することがあり、交雑個体にも生殖能力がある。

江戸時代からいたカメなので、特定外来生物に指定されることはないだろうが、最近の外来種関連の報道を見ていると、「貴重な在来種なので守りましょう」というのからは、だいぶトーンダウンした。これだけ長くいるのだから、今さら駆除の対象にはならないと思うが、もともと「明治時代以前か、それとも以降か」という線引き自体、人間の勝手な都合なので、今後どうなるのかはわからない。ともあれこのクサガメは、DNAを調べられたばっかりに、微妙な目で見られることになってしまった。

人の手が運んだ生きもの

一般に外来種と呼ばれるのには、移入した時期だけではなく、もうひとつ重要な要素がある。それは人間の活動によって移入してきた生物ということ。同じく移入してきたとしても、人間

少し前までは、在来種扱いだったクサガメ。近年の研究で、
江戸時代に移入された種だということがわかってきた

中国地方に生息するゴギは、イワナの亜種。ニッコウイ
ワナやヤマトイワナと交雑するので、生息地に他のイワ
ナ類を放流するのは避けるべきだといわれる

が運んだわけではなく、自力あるいは自然の力で移入したのなら、それは外来種とは呼ばれないことが多い。

そもそも外来種を駆除する動機のひとつには、人の手が入る前の自然を取り戻したいという願いがあるようだ。この問題については後で掘り下げるのでここでは詳しく書かないが、このことの背景には、私たちの自然観が深く関係していると考えられる。

たしかに、人間が運んできた生物が大繁殖し、もともといた生物が絶滅の危機に瀕しているとしたら……？　外来種が来る前の状態に戻すのは当然かもしれない。だが、本当に在来種を絶滅に追いやっているのは外来種なのか？　そして、日本の自然はいったいいつの状態に戻せばよいのか？　特定外来生物が入ってきた明治以前？　それとも縄文時代？　考えるべきことは山ほどあるが、最初の問題、外来種の定義に話を戻そう。

国内で運んでも外来種？

一般的には「国内移入種」と呼ばれるが、国外から入ってきた外来種と同様、国内で人間が生物を移動させた場合も、やはり問題になるケースがある。

ニホンイタチは本州ではよく見られる在来種だが、伊豆諸島で増えた結果、現在は「緊急対策外来種」とされている。もともと伊豆諸島に生息していた小型ほ乳類、両生類、爬虫類、昆虫類を脅かす存在として、対策が必要になっているわけだ。

このような例はほかにも多くあり、北海道や佐渡のテン、奥尻島や屋久島のタヌキ、琉球列島のニホンスッポンなどが「重点対策外来種」になっている。いずれも独特な生態系を持つ島なので、影響は大きい。

このように、明らかに問題の大きな国内移入種のほか、たとえば地域個体群を守るために移入を控えるべきとされる種もいる。たとえば飛べない甲虫類であるオサムシは、地域ごとに微妙に色や模様が異なる。そのため他地域のオサムシを人間が移動させると、せっかくの地域ごとの特徴が損なわれてしまう。ちなみに、昆虫好きで知られた手塚治虫は、このオサムシからペンネームを付けたそうだ。たしかにこの小さな昆虫の標本を見ていると、個体によって変わる色合いに、生物の不思議を感じる。

また釣り人にとってなじみのあるイワナの仲間は、本州では4つの亜種に分類される。エゾイワナ（降海型はアメマスと呼ばれる）、ニッコウイワナ、ヤマトイワナ、ゴギだ。それだけではなく、川によって微妙に模様や色が異なるため、むやみに放流することは問題だ。特にゴギとヤマトイワナは数を減らしており、それらが生息する川にニッコウイワナを放すのは避けるべきだろう。

だが、そこまで厳密に生物の移動を制限すべきかどうかは、判断が難しい局面もある。日本では絶滅してしまったトキは、中国産の個体が佐渡で放鳥されている。厳密にいえば外来種ということになるだろうが、国内で再びトキが飛ぶようになるのを、多くの人が望んでいる。

またハスという魚は、もともといた琵琶湖周辺では数を減らして絶滅危惧種になっている。一方で移入された各所では増え、小さな魚などを食べるため、問題になっている。仮にハスが琵琶湖周辺で絶滅してしまったら、その姿は移入した先でしか見られなくなるわけだ。

近年有名になったクニマスも、現在はもともといた秋田県の田沢湖で見られない。さかなクンが西湖で捕獲されたヒメマスのなかに、ほかと異なる特徴を備えた個体を見つけて「クニマスではないか？」と気づき、再発見につながった話は有名だ。これなどは間違いなく人の手が運んだ移入種だが、だとしても移入先の西湖で見つかったのは喜ぶべきことだろう。

　このように考えてみると、はたして人の手で運ぶことがそこまで悪いことなのか、わからなくなってくる。

クマゼミは人が運んだのか？

　クマゼミという大型のセミがいる。温暖な地域に棲むセミなので、かつては九州などに多く見られ、本州では一部の地域を除いて比較的めずらしい種類だった。しかし１９８０年代には関西で、クマゼミが見られる割合が増加したと報告され、１９９０年代になると関東や北陸でも、クマゼミの北上が確認されている。

　このことを説明するのに、気候の温暖化が原因だとする説が有力だったが、実はそうとばかりも言いきれない。

「クマゼミの北上は、樹木の植樹が原因という説もあります。植樹する際には、根周りの土ごとワラなどで覆って運びますが、その中にセミの幼虫が紛れ込んでいた可能性が指摘されています。実際、クマゼミの生息域については、温暖化だけでは説明できない部分もあります」

こうなると、クマゼミは温暖化にともない、自力で北上したのか、それとも人が運んだものなのか、判断が難しい。仮に人が運んだことが証明されたとしたら、クマゼミは国内移入種になるのだろうか？　そうなった時、北上したクマゼミは、やはり駆除すべきなのだろうか？

外来種問題を整理する

ここまででわかるように、外来種の定義は今もあいまいなままだ。それでも整理するなら、まず基本的には人間によって運ばれた生物ということになる。運ばれた時期は定義によって変わるが、特定外来生物は、基本的に明治以降に入ってきた種。それ以前に運ばれた場合でも、人間が運んできた記録などの証拠があれば、外来種と呼ばれることもある。

さらに、これは国内での移動に関しても同様で、特に小さな島に運ばれた種は問題を引き起こすケースが多い。

とまあそんな外来種たちなのだが、彼らを駆除するのは、いったいなぜなのか？　そのことを考えるために、外来種が及ぼす影響について考えてみたい。

池田先生によると、外来種が引き起こす問題は直接人間に悪影響を及ぼす場合と、在来種に影響を及ぼす場合がある。

①人間に悪影響を及ぼす場合
人体に直接被害を与える外来生物としては、たとえばヒアリやセアカゴケグモなどがいる。このような種では、できるだけ水際で食い止めようとする努力が続けられている。

そのほかには、作物や家畜に被害を与える種もいる。イネを食べるイネミズゾウムシや、トマトなどナス科の植物に被害を与えるトマトハモグリバエなど、こちらは多くの例がある。

②在来種に悪影響を及ぼす場合
これには大きく分けて３つのパターンがある。１つは在来種を捕食する種類。在来種の小魚

イエネコが野生化するとノネコと呼ばれ、侵略的外来種として問題になっている。ペットとして可愛がられ、飼えなくなって放されると外来種になる……。生きものにとっては、いい迷惑である

を食べるブラックバス（オオクチバス、コクチバス）などが、これに当たる。

さらに生態学の用語では「ニッチ」と呼ぶ、生態的地位が似た外来種によって、競合する在来種が減ってしまうケースがある。その名のとおり蚊を減らすために入ってきたカダヤシと、日本にいたメダカの例などがある。

そして遺伝子汚染といわれる、交雑による影響もある。オオサンショウウオと交雑するチュウゴクオオサンショウウオがその例で、京都の鴨川ではすでに大半が交雑種だという。


外来種についてインターネットで少し調べてみれば、このような例がいくらでも出てくる。それを読んでいると、たしかに外来種は絶滅させるべきという意見が出るのも無理はない。だが、実際のところ外来種はそこまでワルモノなのだろうか？　次章では、この点についてもう少し考えてみたい。

チュウゴクオオサンショウウオによる遺伝子汚染が問題になっているオオサンショウウオ

第2章

なぜ外来種はワルモノにされるのか?

タイワンリスの悪行

前章で紹介したとおり、たとえば私たち人間に被害が出るから駆除するというなら話はシンプルだ。しかしそれは、外来種かどうかとは別問題。外来種と同じく、人間に被害を与える在来種だってたくさんいるからだ。

最近、ニュースなどでタイワンリスの被害が取り上げられることがある。外来種であるタイワンリスが増え、農作物を食べてしまうという。おまけに家の柱や電線をかじったり、鎌倉では市の天然記念物であるワビスケの樹皮を傷つけるなど、一見すると愛らしいこの生きものは、どうやら悪さばかりしているらしい。

たしかに報道されているように、被害が出ているのは間違いない。しかしタイワンリスがことさらワルモノにされるのは、やはり外来種というレッテルが影響しているように思える。

「生態系に影響を与えるという点では、在来種でも問題がある種がいます。たとえばニホンジカは、今とても大きな問題だといえます」

数を増やしているタイワンリスは、農作
物などへの被害が報告されている

ニホンジカは近年各地で数が増加していて、農作物、
森林などに大きな被害を与えている。タイワンリス
と比較して、どちらの被害が深刻なのだろうか？

ニホンオオカミが絶滅したとされ、猟師も少なくなった今、ニホンジカは増え続けている。その被害は農家にとっては深刻だ。そのうえ畑を囲うネットや電気柵の設備投資だけでも、かなりの金額になる。

またニホンジカの影響は、直接人間に及ぼすものだけではない。冬には木の皮を剥いで食べるので枯れることがあるし、数が増えすぎると下草が減り、森が乾燥し、そのため昆虫類も減るという。

「どこかの池で外来種駆除にやっきになるより、シカの生息数をコントロールすることのほうが喫緊(きっきん)の課題ですよ」と池田先生は言う。

人間にとって有益か有害かで考えるなら、外来種か在来種かという区別は、それほど意味のあることではない。どちらにも有益な種もいれば、有害な種もいるからだ。

駆除するかどうかは、どう決まる?

同じ外来種であっても、なぜか扱いが異なる種もいる。

「たとえば明治になって国内に入ってきたコスモスは、外来種だから駆除せよ、という扱われ方はしていません。一方で同じころに入ってきたオオキンケイギクは、現在野外での栽培が禁止されています」

外見はよく似た植物だが、秋桜とも書かれるコスモスは、さだまさしの名曲にも歌われるほどで、よく知られた植物だ。だがオオキンケイギクは、初めてその名を聞く人が多いのでは。入ってきた時期も近いのに、一方だけの栽培が禁止されているというのは、たしかに不思議である。あくまで記者の印象だが、有名どころはそっとしておいて、マイナーな種は厳しく取り締まる……というような「差別」が感じられてならない。

またオオキンケイギクは荒地に生える植物で、緑化に貢献するという説もある。

「人間に被害を及ぼすから駆除する、というなら話は単純です。しかし現状では、どの種を駆除して、どの種を放置するかの線引きは、どこか恣意的に思えます」

人が利用している外来種

ニジマスは、管理釣り場などで子どもたちの遊び相手になる魚。食用としても人気がある。もちろん釣り人にとってなじみの深い魚だ。1877年に北米から移入されたといわれる

環境省および農林水産省が作成した「我が国の生態系に被害を及ぼすおそれのある外来種リスト（外来種リスト）」にはカテゴリ区分があり、総合対策外来種、産業管理外来種、定着予防外来種に分かれる。この総合対策外来種にも「対策の緊急性が高く、積極的に防除を行なう必要がある」という緊急対策外来種や、「甚大な被害が予想されるため、対策の必要性が高い」という重点対策外来種がいる。いずれにせよ、移入先からは、できることならいなくなってほしい生物ということになる。

一方で産業管理外来種になると、話は少し複雑だ。こちらは「産業または公益性において重要で、代替性がなく、その利用に当たっては適切な管理が必要」な種である。２０１９年の段階では、18種が指定されている。

わかりにくいので解説しておくと、たとえばニジマスは、この産業管理外来種に指定されている。渓流の釣り堀などでよく見かけるあの魚だ。寿司屋で見かけるサーモンは、ほとんどが淡水ではなく海で養殖されたニジマスである。つまり人間が利用している種に関しては、駆除一辺倒では困ることもあるので、状況に応じた対策が必要ということだ。

要するに外来種問題というのは、在来種など生態系への影響だけでなく、人間の都合も複雑に絡み合っているのが現状なのである。

琵琶湖の在来種を減らしたのは?

外来種問題で人間の都合が優先されるのは、当然のことだといえる。そもそも田畑にある農作物のほとんどは外来種だが、これを駆除せよという話になるはずがない。そのため本書では外来種問題のなかでも、特に在来種など生態系への影響に的を絞って考えたい。最もわかりやすいのは、外来種が在来種を食べ尽くし、絶滅させてしまう場合だ。

各地の池で外来種を駆除しているが「外来種が在来種を絶滅させた要因だと断言できる例は、小さな島などを除いて聞いたことがありません」と池田先生は話す。

たとえば外来魚の影響が叫ばれる琵琶湖だが、オオクチバスやブルーギルの影響がそれほど大きかったのだろうか。むしろ琵琶湖における在来種の減少は、琵琶湖総合開発(1972~1997年)をはじめとする公共事業により、環境の人為的改変と同じ時期に始まっている。

ワルモノ外来種の代名詞になっているブラックバス（オオクチバス）。魚などを食べる肉食性であることは間違いないが、在来種が減った理由を安易にブラックバスのせいにするのは問題だ

同じく駆除されることが多いブルーギル。ブラックバスもそうだが、これらは食べると美味しい魚なので、池田先生は「食用として活用する手はあるかもしれません」と話す

高度経済成長期に行なわれた琵琶湖総合開発では、水位の低下と湖岸に隣接する多くの内湖の消失が起きた。内湖とは、水路などで琵琶湖本湖につながった小さな水域のこと。１９４２年に始まった干拓により、37あった内湖は71年には25にまで減少した。これにより25㎢の水域が消えたとされる。つまり生きものにとっての「ゆりかご」である環境が、急速に失われたのだ。現在残された最大の内湖である西の湖は、面積が約２２１ヘクタール。その周囲には、琵琶湖全体の６割強にあたる１００ヘクタールのヨシ原が広がっている。もしここが失われれば、在来種に与える影響は、オオクチバスやブルーギルの比ではない。

湖岸や内湖の浅瀬にある水生植物の茂みなどは、いくつかの魚にとって産卵場所であり、また小型魚類やエビの仲間、水生昆虫類などにとっては、天敵から逃れる隠れ場所でもあった。これらが失われてしまった結果、在来種が減ってしまったのは明白なのである。

ちなみに滋賀県によれば、外来魚（オオクチバスやブルーギル）の資源量は移入された当初は増えたが、その後は減少して安定している。

小さな島では外来種が脅威になる

一方で、小笠原諸島や沖縄に入ってきたグリーンアノールというトカゲの仲間は、島の昆虫類に大打撃を与えた。小笠原では、オガサワラシジミというチョウをはじめ、多くの昆虫類が危険な状況にある。

世界自然遺産に登録された小笠原諸島は、２０００万年前に成立したといわれる。それだけ長い間孤島だったため、固有種の数は多い。自生する維管束植物およそ４５０種のうち、35％が固有種（固有亜種も含む。以下同）という。樹木に限れば、固有種は70％近くになる。また昆虫類約１５００種のうち約４００種、陸産貝類１０６種のうち１００種が固有種とされる。

このように閉鎖された島などでは、外来種が問題になるケースが多く、適切かつ早急な対策が必要になっている。

池田先生も「小笠原のグリーンアノールについては、対策が必要でしょうね」と言う。

グリーンアノールは１９６０年代に父島に導入されたと考えられている。現在は父島と母島の全域に広がった。昆虫類を食べるこの北米原産のトカゲにより、主に樹上で生活する昼行性の昆虫は壊滅的な被害を受けたという。

何百万匹ともいわれるグリーンアノールを根絶するのは容易ではない。だが駆除に成功した実験区では、数を減らしていたヒメカタゾウムシという昆虫が増加したようだ。

このように、明らかに外来種の駆除が必要なケースと、冷静になって考える必要があるケースが混在しているのが、今の日本の現状といえる。

ニッチについて

外来種が在来種に与える影響は、捕食による直接的なものだけではない。ニッチが近い種と競合し、結果的に在来種を減らすケースも考えられる。ニッチとは、日本語に訳すと生態的地位。1つの種が利用する、あるまとまった範囲の環境要因のことを指す。わかりにくいので解説を加えると、たとえば同じエサを食べる種同士とか、あるいは生息する場所が重なる種などについて、「ニッチが同じ」などと表現される。外来種と在来種でニッチが近いと競合が起こり、

小笠原諸島で問題になっているグリーンアノール。小さな島では、外来種が大きな問題になるケースが多い

アカボシゴマダラの幼虫は、オオムラサキなどと同じくエノキを食べる。しかし微妙にニッチは異なるようで、今のところ急いで駆除する理由はないと思われる

どちらかが数を減らす可能性がある。

　これも多くの例があるが、身近な例を挙げるとタンポポがある。

　日本には在来種のタンポポと、外来種（帰化種）のいわゆるセイヨウタンポポなどがあるが、このセイヨウタンポポがはびこったため、在来種のタンポポが駆逐されたという説があった。たしかにセイヨウタンポポはよく見かけるが、場所によっては在来のタンポポも生えている。

　セイヨウタンポポは在来種よりも生育可能場所が多く、かつ繁殖力が高いのは間違いない。だが多くの在来種よりも低温に弱いという性質もある。つまり初春から初夏にかけて寒暖差が激しい地域では生育できず、そのような場所では在来種も見られる。セイヨウタンポポの個体数が多いために相対的に在来種の割合が減っただけで、在来種も一定の個体数で存在しているわけだ。

　このように一見するとニッチが近い種でも、実は微妙にずれていて、棲み分けができる種も多い。

「外来種のアカボシゴマダラというチョウは、エノキ（ニレ科エノキ属の落葉高木）を食べます。

エノキを食べる在来種の昆虫類はたくさんいて、たとえば国蝶とされるオオムラサキや、ゴマダラチョウ、テングチョウ、ヒオドシチョウ。さらにチョウ以外でもエノキハムシ、タマムシ、ホシアシブトハバチ、エノキトガリタマバエ、エノキワタアブラムシなどがいます。これら在来種がアカボシゴマダラによって駆逐されたかというと、そんなことはありません。たとえばオオムラサキは、森の中にある大きなエノキに卵を産みますが、アカボシゴマダラは都市部などにある小さな木が好みのようです。つまり、微妙にニッチが異なるわけです」

人間から見て姿形が似ていたり、同じ種類の木で幼虫を見たとしても、実際にはニッチが異なる例は多い。実際、このアカボシゴマダラは他の在来種にダメージを与えた例は報告されていないようだ。しかし2018年に特定外来生物に指定されて、これまでより厳しい対策が取られるようになった。

「あまり被害がないものまで駆除する必要はないと思うのですが……」と、池田先生も首を傾げる。

交雑種は殺すべきなのか

この章の最後に、交雑の問題についてまとめておきたい。

天然記念物のオオサンショウウオが危機に瀕しているというニュースは、多くの人がご存知かもしれない。在来のオオサンショウウオは、外来のチュウゴクオオサンショウウオと交雑が可能。つまり交尾・繁殖して雑種の子孫を残すことができる。そのため現在は、たとえば京都の鴨川ではほとんどが交雑種になっている（２０１１〜２０１４年の鴨川の調査では、在来種は全体の２％にとどまったという）。

「交雑種は、多くの場合繁殖力が弱いんです。たとえばギフチョウとヒメギフチョウ（いずれも在来種）は交雑しますが、それが増えるということはありません。繁殖力が弱いために、一定の数にとどまります。なかにはオオサンショウウオのように交雑種が繁殖して増えることもありますが、そうなると科学的には同種という見方もできます」

種の定義は難しく、現在でも研究者が完全に同意できる種の定義は存在しない。ただ交配できるかどうかは重要な要素だ。前章で本州のイワナが4亜種に分けられると書いたが、亜種というのは種の下位区分。つまり種をさらに細かく分ける分類だ。簡単にいえば、別種というほど違いはないということで、そのため交配は可能である。

「異なる種が交雑した場合、雑種崩壊といって、繁殖力が弱い、あるいはないということが多くなります。この雑種崩壊がないということは、同種という見方がされてもおかしくない」

　生物のなかには、同種内で自分と異なる遺伝子を持つ個体、つまり自分とは違う特徴を持った個体との交配を求める傾向があるのかもしれないと、池田先生は解説してくれた。さまざまなバリエーションの子孫を作ると、ある病気が蔓延したとしても、その病気に打ち勝つことができる個体が生まれる可能性が高くなる。また近親交配は劣勢遺伝子が発現するリスクを高めるので、それを回避するシステムを持った生物が多い。

「オオサンショウウオにしてみれば、いやいや交雑しているわけでもなく、むしろ異なるタイプの遺伝子を子孫に残すというメリットがあるかもしれません。実際、交雑種がここまで増えているということは、繁殖力はとても強いのだと考えられます」

もちろん、在来種のオオサンショウウオ遺伝子を守りたいというのはよくわかる。しかし、そのために交雑種を殺してしまうとなると、いったい何のために何を守るのか、よくわからなくなってしまう。

「生態系の中の役割としては、オオサンショウウオとチュウゴクオオサンショウウオは、ほぼ同じだと考えられます」

在来のオオサンショウウオが、チュウゴクオオサンショウウオとの交雑で数を減らしている……。そう聞くと、一刻も早く外来種を駆除したくなるかもしれない。しかし、それがほぼ同種なのだとしたら？　今、復活のために躍起になっているトキも、中国から運ばれた個体であることは先に書いた。日本のトキは絶滅してしまったので事情は異なるが、なぜトキの場合は中国のものを国内で増やそうとして、オオサンショウウオは駆除しようとしているのだろうか。

今後、鴨川にいる9割以上ともいわれるオオサンショウウオの交雑種は、すべて駆除すべきなのだろうか？　またしても答が出ない問題に直面したようだが、次章では生態系全体への影響も含めて、外来種問題を考察したい。

第3章

外来種を駆除して何を守るのか？

人が手を加える前に戻したい

外来種排斥の流れというのは、単に人間にとっての被害を軽減するためだけのものではない。もしそうなら、同じく人間に被害を与える在来種（たとえばニホンジカなど）についても、数をコントロールする議論がもっと盛り上がっていいはずだ。冒頭でも触れたとおり、その背景には「手つかずの自然を取り戻す」という目的があるようだ。

外来種の定義に、人間が運んできた生物ということが前提としてあるのを思い出してほしい。同じく移入してきたとしても、人間が運んだわけではなく、自力あるいは自然の力で移入したのなら、それは外来種として駆除されることはない。もちろん、よほど悪影響を及ぼす種なら話は別だろうが……。

つまり外来種を排除したいというのは、人間が自然に与えた影響をできるだけ減らす、という考えが根底にある。

渓流の砂防ダムや、三面護岸の川を見て「ああ、人間がこんなことをしなければ、もっとた

コンクリートで固められた川。外来種よりも、このような工事のほうがよほど在来種に影響を与えると思うのだが……

くさんの生きものが棲めただろうに……」と思うことはたしかにある。だから「手つかずの自然」を取り戻したいという考えも理解できるのだが、現状の外来種問題を見ると、それがどうも極端な方向に走っているように思える。

この章では、まずこの「手つかずの自然」について考えてみたい。

作られた里山生態系

外来種を駆除して、在来種を守る。そのスローガンの先にあるものは、いったい何なのか？ もしかしたら外来種駆除というのは、人の手が入る前の自然を取り戻そうという行為なのではないか。

生きものが好きな人にとっては、誰も入ったことのない場所、人が環境を改変していない場所というのは興味深いものだ。そこにはきっと、今ではめったに見られないような珍しい生物がいて、多種の生物が、自由を謳歌しているに違いない……という妄想がムラムラと沸き起こる。「本来あるべき自然」を脅かす、外来種。だから彼らは駆除すべき……。だとしたら、この「本来あるべき自然」とは、いったいどんな姿なのだろうか？

もともと大陸と地続きで、それが島国になった日本では、いったいいつからいたら在来種といえるのだろうか？　今のところ、特定外来生物に指定されているのは明治以降に入ってきた生物だ。しかし現状では、それ以前に入ってきたコイなども外来種とされ、駆除されることがある。冒頭で触れたように、このあたりの曖昧さが、外来種問題でモヤモヤする原因のひとつである。

仮に外来種を駆除できたとして、明治時代の自然が再現されればよいのだろうか？　それとも江戸時代なのか、あるいは縄文時代？

「生態系というのは、変化していくものです。たとえば江戸時代と現在では、生態系はかなり違っているといえます。狩猟採集が主だった時代、人間はそれほど木を切っていなかったはずです。人々が農耕を行なうようになって、いわゆる里山が作られていきました。里山の生態系というのは、つまり人間が作り出したものなんです。雑木林に生きるカブトムシやクワガタ、あるいは水田のマブナやドジョウなどは、人間が作り出した環境に依存して生きてきた生物だといえます」

里山といえば、どこか懐かしい原風景のように思う人が多いはずだ。たしかに、田園風景などには心癒される。しかし厳密にいえば、そこにあるのは人の手が加わってできた生態系だ。

稲作は縄文時代後期にはすでに行なわれていたという。それがなければ、全国各地に水田が広がることはなかった。「日本の懐かしい風景」として水田が頭に浮かぶこともなく、トンボやホタル、マブナやタナゴなど、水田とその周囲にある水路や溜め池に棲む生きものが、今ほど増えることもなかっただろう。カエルの大合唱だって、水田が身近にあるからこそ、春の風物詩になっているのだ。

また周囲の里山も、定期的に薪を採ったり、山菜やキノコを採ったりしていたため、雑木林になっていった。植林されたスギ林を見て「自然」だと感じる人は少ないだろうが、生きものが豊富に棲む里山だって、同じく人の手が入って作られた風景といえる。

クヌギやコナラなどの雑木林は、人が定期的に伐採をすることで維持される。放っておくと遷移といって、植生は移り変わってゆくからだ。関東以西にみられる雑木林は、手を入れずに

棚田が広がる里山の風景。生物種は多く豊かな生態
系があるが、これも人の手で作られた環境である

マブナなどの魚も、稲作によって水
田が広がらなければ、ここまで数を
増やしていなかっただろう

放置しておくと、シイやカシといった常緑広葉樹の林になるケースが多い。人手を加えなければ多くの雑木林は消滅する運命にあると言える。

つまり、クヌギやコナラなどに多くいるカブトムシやクワガタだって、ある意味で人間がいたからこそ、数を増やしてきたわけだ。

要するに現在の生態系というのは、人間の活動と切り離して考えることは不可能だ。人間が「移動」させた種だけ問題視しても、「改変」してしまった自然は元に戻らない。仮にある溜め池で在来種が減少したとして、その原因が外来種だけなのか、よくよく考える必要がある。農薬や圃場整備はもちろん、逆に人が管理を放棄したことで、生きものが影響を受けているかもしれない。

トキを巡る複雑な事情

日本の北海道南部から九州の一部にかけて、つまりほぼ国内の全土で、かつてトキは普通に見られる鳥だった。学名は*Nipponia nippon*である。そのために国鳥だと思っている人もいるだろうが、日本の国鳥はキジである。

このトキは明治時代に乱獲され、大正時代の末には一時絶滅したと考えられていた。その後、1932年に新潟県の佐渡で再発見され、以降ほかの地域でも確認された。そのため1934年に天然記念物に指定されたが、1945年に島根県隠岐地方で絶滅。1970年に石川県能登地方で絶滅。そして1981年に、最後に残った佐渡の5羽が捕獲され、野生では絶滅した。捕獲された個体は手厚く守られていたが、2003年に最後の1羽となっていたキンという名のトキが死んでしまって、ついに日本のトキは絶滅した。

そして2008年、中国から譲り受けたトキを繁殖させ、佐渡に放した。一連のニュースは大々的に報じられたので、憶えている方は多いだろう。

トキはたしかに人間の乱獲によって数を減らしたが、少なくとも27年間、佐渡ではトキがいない状態で生態系が成り立っていた。つまり、かつてトキがいた生態系は、もうそこにはない。そもそもトキが絶滅したのも、もちろん乱獲の影響もあるだろうが、たとえば圃場整備により、エサになるカエルなどが減ったせいもあるだろう。そこにトキを放しても今後生きられるのか

日本では絶滅してしまったトキ。現在は中国
から来た個体が、佐渡に放されている

わからないし、本当にそれが佐渡の生態系にとってよいことなのかどうか、よく考える必要がある。トキがいた時代とは異なる、現在の生態系にとって、すでにトキは外来種という見方もできるのだ。

ちなみに放されたトキが、佐渡に局所的に生息し、２０１２年に新種として注目されたサドガエルを捕食していたことも報告されている。なおサドガエルは、２０１７年に絶滅危惧種に指定されている。

トキのような注目されやすい生物にはメディアも飛びつくが、一方で地味なカエルについては、ほとんど報道されることもない。

今、躍起になって外来種を駆除しようとする人々は、トキとサドガエルについてどう思うのだろうか？　中国産のトキは外来種だから、やはり絶滅させるべきなのか。それとも、地味なカエルの一種なんぞ無視して、ニッポニア・ニッポンを守るのか。ここでもまた、難しい選択が待ち受けている。

生物をコントロールできるのか

外来種駆除に限らず、生態系をコントロールするというのは、とても難しい。渓流にいて釣りの対象にもなるヤマメやイワナは、多くの河川で増やすための努力が行なわれている。だが産卵床を造成したり、禁漁区を設けたりしても、簡単に成果が出るわけではない。

そして外来種を駆除するのも、非常に困難である。どれか特定の生物を増やしたり、減らしたりというのは、もしかしたら人間の手に余る行為なのかもしれない。

「これは金沢の池の例ですが、池の水を抜いてブラックバスを駆除したところ、ブラックバスのエサだったアメリカザリガニが増えてしまったケースがありました。結果的に、在来種のゲンゴロウがザリガニに食べられて減ったそうです」

たしかにザリガニは泥の中に潜るし、池の水を抜いても生き残るだろう。それが増えて在来種を減らしてしまったのなら、なんのために池の水を抜いたのかわからない。

「池の水を抜くのは、エンターテイメントとして面白いと思いますが、それで外来種を駆除して在来種を守るとなると、その効果は疑問です。仮にそれで外来種を駆除できたとしても、1つの池だけですから」

魚の稚魚や卵まで、すべてを捕獲し尽くすことは不可能だ。また、このことによって死んでしまう在来種だって少なくないだろう。だとすると、本来目的だったはずの外来種駆除、在来種保護も、実際には困難だと思われる。

「手つかずの自然」

いわゆる自然保護活動の多くは、もともとある自然を取り戻そうというのが目的だ。だが人間の影響を排除して「過去の自然」を取り戻すことや「手つかずの自然」を守ることばかりに固執してきた従来の自然保護ではなく、もっと多様で現実的な目標を設定する自然保護のあり方が、近年では提案されている。

少し野山に入ればよくわかることだが、私たちが普段目にする山や川の風景は、ほとんどが「手つかず」ではない。たとえば道のない源流に入ってみれば、たしかにそこには人工物はほとんどどない。しかしそんな山奥でも、炭焼きの小屋、猟師の残したナタ目、山菜採りの杣道、職漁師が源頭に放流したイワナなどを見ることがある。ましてや里山の場合、そこにある自然は間違いなく、人の手が加わったものだ。

日本の国土はそれほど広くはないから、そのなかで手つかずの自然がないのは当然かもしれない。しかしそれは世界的に見ても同様である。ウィルダネスという言葉があるが、これは日本語では「原生地域」などと訳される。人の手が加わっていない自然環境という意味で使われることが多いが、現実にはウィルダネスはほとんどない。アメリカのワイオミング州にあるイエローストーン国立公園は９０００㎢の広大な土地で、自然保護運動の象徴ともいえる公園だ。しかしここだって、１万年ほど前にはすでにインディアンの祖先が入ってきたといわれる。ヨーロッパ系のアメリカ人が訪れたのは１８００年代。つまりイエローストーンも、決して手つかずではない。

ポーランドとベラルーシの国境にまたがるビャウォヴィエジャの原生林も、ウィルダネスの例としてよく取り上げられる。総面積は、およそ１５００㎢。その中には46㎢ほどの、一度も

世界初の国立公園である、イエローストーン国立公園。素晴らしい自然が守られているが、ここにも人の手がまったく入らなかったわけではない

皆伐されていない低地性温帯林がある。

しかしここも、やはり手つかずとはいえない。鉄器時代の入植地と墓地が見つかっているし、また14〜15世紀からは王侯貴族のための猟場として管理されてきた。ヨーロッパバイソン、ヴィーゼントがここで生きていたのは、この獣が猟の対象だったためだといえる。ちなみにヨーロッパバイソンの野生種は絶滅してしまったので、現在ビャウォヴィエジャで見られるのは飼育個体が再導入されたものである。

ビクトリア湖のシクリッド

東アフリカ中部にあるビクトリア湖では、シクリッドと呼ばれる魚が棲んでいる。シクリッド科の魚の総称で、ビクトリア湖には数百種が生息していた。１９６０年代に、ナイルパーチという大型の肉食魚が、食用のためにこの湖に放された。するとシクリッドは大幅に種数を減らしてしまい、そのことは『ダーウィンの悪夢』という映画のなかでも紹介されている。

ところが最近の研究では、シクリッドの種の多様性に回復の兆しが見えているという。

2010年にネイチャーに掲載された記事によると、既存の種の交雑によって生じた新種が、新たな色彩、新たな形態、新たなニッチを獲得して、新しい環境に適応して数を増やしているという。

もし、人間が自然に手を加えるのが悪なのだとしたら、人間が改変した環境で生まれたこの新種たちは、生まれてはいけないものだったのだろうか。

里山も「手つかず」に戻すべき？

日本に話を戻そう。まず理解しておきたいのは、日本には手つかず自然はないという事実だ。そして自然保護によって目指すべき状態というのも、統一の見解があるわけではない。川はダムや堰堤で区切られ、山にはスギやヒノキが植えられ、平地のほとんどは都市開発されたこの国で、ウィルダネスを求めるのは無理がある。

それでは人が運んだ外来種を駆除して、得られるものというのは、いったい何だろうか？

人間の影響を徹底的に排除するというのなら、たとえば里山の生態系も、やはり「手つかず

登山道のない山の中でも、猟師をはじめ山仕事をする人たちが残した、このナタ目のような痕跡が見られる。日本では、厳密な意味で手つかずの自然はないといえる

の自然」に戻すべきなのだろうか？　そんなことは不可能だし、そもそもそのような声も聞こえてこない。

水田は「自然」とは呼べないから……

話は飛ぶが学生のころ、記者はナゼか水生昆虫のタガメに興味を持った。その生態を研究しようと思い、生物学の先生に相談したことがある。生きものを研究するのだから、当然理学部の生物学科に行くのが筋だろうと思っていたら、すすめられたのは農学部だった。

「農地に多くいる昆虫ですから、あまり理学部では研究されていないようです。農学部のほうがいいですよ」

いろいろ調べてくれた先生は、そう教えてくれた。たしかに、当時タガメを研究していたのはとある農学部の研究室で、結果的にそこにお世話になったのだが、そのことはずっと後まで不思議な印象として脳裏に刻まれた。

なぜ理学部の生物学科では、農地にいる生きものをあまり扱わないのか？　たしかに作物や畜産物そのものは、農学部で研究されている。さらに害虫などについても、やはり農学部で扱われることが多い。しかしタガメは、単に水田に多くいるだけで、特に害虫でもない（養魚場では害虫扱いされていたが……）。もちろん池や川にも生息している。そのあたりの区別、理学部で研究されるのか、それとも農学部で研究されるのかが、いまいちよく理解できなかったのだ。

今考えてみると、やはりその背景には、人の手が入っているかどうかが関わってくるようだ。

人が作り出した水田に多くいるタガメ。といっても今は数を減らしていて、なかなか目にする機会はない

水田というのは、人の手で作られた環境だ。そこに多くいる昆虫は、「自然の状態で」生きているとは言いにくい。いわゆる自然のなかで生きる生物と、そうでない生物の間には、どうも見えない壁があるようだ。

外来種の定義としては、人の手で運ばれたかどうかが問題になることは先に書いた。この考え方は、タガメを理学部で研究するか、農学部で研究するかの違いと似ている。

第4章

人が手を加えるのはそこまで悪なのか

生きものを手助けする

私たちは、手つかずの自然はもうないことを、直視する必要がある。仮にどこかの池で外来種を排除できても、それで手つかずの自然に戻るわけではない。であるならば、ある程度は人の手が加わることを認めてはどうなのか？　むしろ人の力で、生態系が豊かになるよう手助けできないものなのか？　この章ではそのあたりを中心に話を進めたい。

堰堤の上に魚を移動させるのは？

現在多くの川では、アユや渓流魚などを増やすための活動が行なわれている。放流はもちろんそのひとつ。だが近年は、その方法も少しずつ改善され、たとえばアユなら産卵床の造成や、魚道の研究・整備、汲み上げ放流なども行なわれている。

人の手が生物を移動させるのが問題だとしたら、堰堤でソ上できないアユを汲み上げるのはどうなるのだろう？　たしかに人の手で移動させたのは間違いないが、そもそもアユのソ上を

アユなどソ上する魚にとって、ダムや堰堤は致命的な影響を与える。たとえばカミツキガメなどアユを食べる外来種はいるが、それより大きな問題であることは間違いない

阻害する堰堤を作ったのは私たちだ。

産卵床の造成もしかり。人間の活動によってアユが産卵できる場所が減った今、それを人の手で作り出すことは、はたして問題なのか？

人口がここまで増え、その活動範囲が国内の隅々まで及んでいる今、その他の生きものも、人間の活動と切り離すことはできない。そのような現状では、人の手が加わることは、ある程度認めるべきではないだろうか。人が運んだ＝悪ではなく、さまざまな観点から評価する必要があるはずだ。

絶滅しそうでも「手は出さない」のが正しいのか

本州の川をずっとさかのぼり、源流域に入っていくと、水温は少しずつ低くなる。そんな場所ではイワナの仲間が泳ぎ、昆虫などを食べて生きている。決してエサが多い環境ではないが、彼らがなぜそんな場所にいるのかといえば、イワナが冷水性の魚だからだ。

かつて地球の気候が今より寒冷だった時代、本州のイワナの仲間は、サケのように海と川とを行き来していたと考えられている。だが最後の氷河期が終わったころ、地球の気温は少しずつ上がっていった。冷たい水を好むイワナは、水温が高い川の下流部に行けなくなり、やがて標高の高い源流部に棲むようになった。このような例を、陸封という。ちなみに緯度の高い北海道や東北に棲むエゾイワナという亜種は、今でも海に降る個体がいて、それはアメマスと呼ばれる。

仮に地球の気候が変動し、今後ますます気温が高くなるとしよう。冷水性のイワナは、すでに標高の高い源流域に陸封されている。さらに気温が上がれば、これ以上上流へは行けず、高緯度の魚しか生きられなくなる。その場合、たとえばゴギやヤマトイワナ、ニッコウイワナといった陸封されたイワナ類は、そのまま絶滅させるべきなのか？　あるいは高緯度の地域に運び、生き延びさせるのがよいのか？　意見はさまざまだろうが、仮に人の手が加わることを悪とするなら、彼らは死に絶えるしかない。

これは決して、荒唐無稽な話ではない。実際に北米では、トレイヤ・タクシフォリアという希少な常緑樹が、似たような状況にさらされて議論になったという。

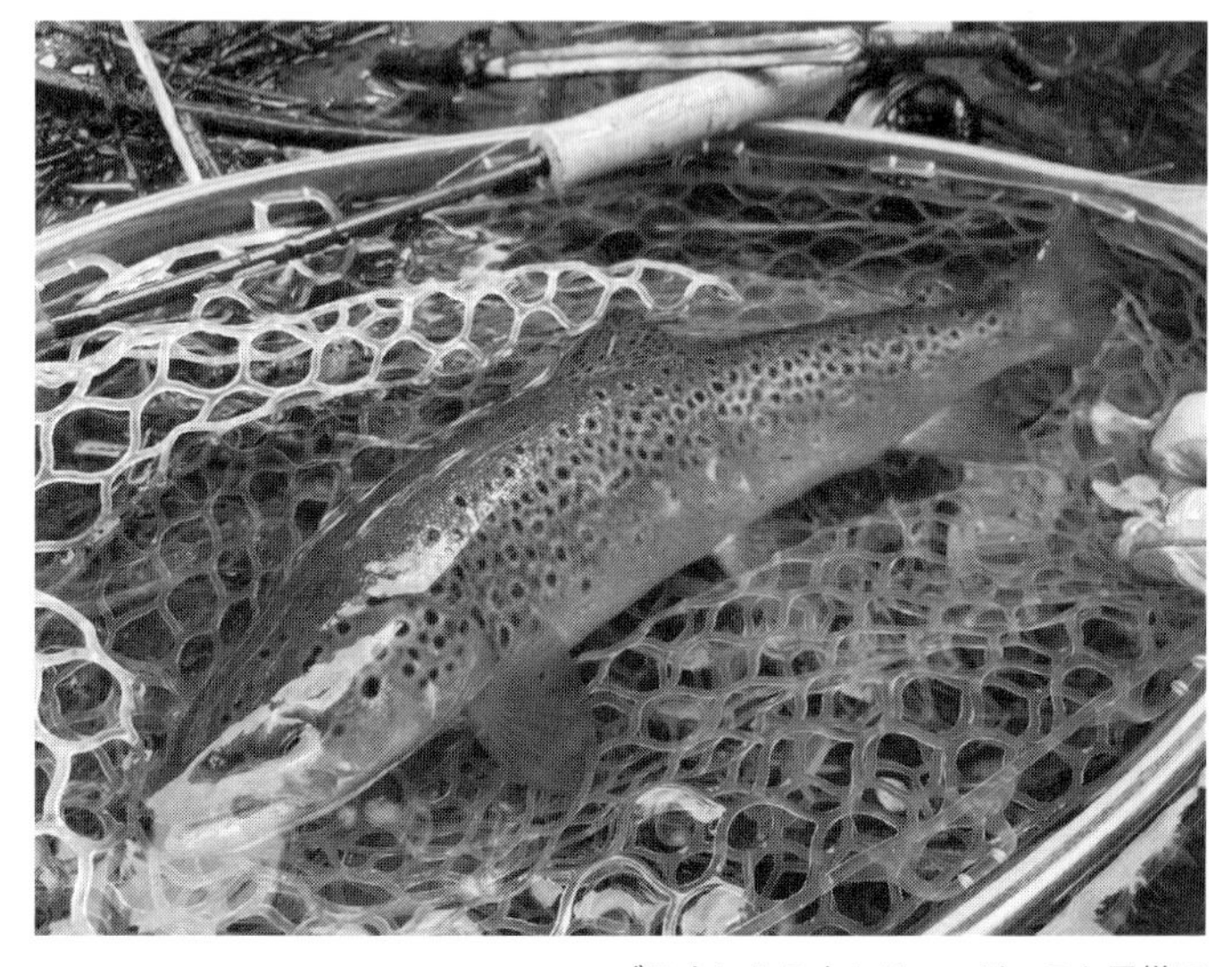

ブラウントラウトは、ニジマスと同様に産業管理外来種に指定されている魚だ。日本へは、1892年にカワマスの卵に混ざって入ったと考えられている

3万年ほど前には、このトレイヤ・タクシフォリアは北米に広く自生していた。そのころに気候変動が起こり、氷河の南進とともに、この植物は南へ押しやられた。再び気候が温暖になってもこの植物は北上できず、現在の生息場所はフロリダとジョージアの州境を流れるアパラチコーラ川東岸の一部に限られる。

この植物が1950年代に数を減らしたことで、かつて生えていた北部の地域に移植するかどうかの議論が起こったのだ。

大昔にこの植物が生息していたとはいっても、人間が移動させてよいものか？ 新天地で、そこにいる動植物に悪影響をもたらさないのか？ 議論の末に、最終的には31本の若木が北カロライナ州に移植されたという。このことは外来種問題を考えるうえでも、画期的なことだったといえる。

人と自然の関わり方

たとえば釣りをしていると、私たち人間が魚を減らしているという自覚がある。なにしろ自分で釣っているのだから当たり前だ。そして釣りだけでなく、ダムや森林伐採などが魚に影響を与えることもよくわかる。連続する砂防ダムによって移動が阻害されれば、魚にとっていいわけはない。また森林が伐採されれば、雨のたびに川は大増水してしまう。さらにいえば河畔林が切られれば、水に落ちる陸生昆虫が減り、それを食べる魚にもダメージを与える。

別に釣りだけに限らないが、自然と触れ合い、観察することは大切だ。いったい何が、生きものにとって悪影響を及ぼしているのかが見えてくる。

川にこれだけダムや堰堤が作られ、森が切られてしまった今、私たちが本当に「手をつけない」状態にしたら、多くの魚種が急激に数を減らすだろう。地域によっては絶滅してしまうかもしれない。

今やるべきことは、一部の生きものに「人が運んだから……」といって外来種とレッテルを貼り、それを駆除することではない。生きものにとって、そして私たち人間にとって何がベストなのかをよく考え、必要なら私たちが手助けすることではないだろうか。

外来種＝悪で、それが在来種を減らしている図式は、とてもわかりやすい。「砂防ダムで下

よく見かけるオカダンゴムシも、実は海外から入ってきたもの。明治時代に入ってきたのではないかといわれている。仮にこれを駆除するとしたら……？　いったいどれだけの資金と労力が必要になるだろうか

流に土砂が供給されず、河床の低下が起こり、魚の産卵場所が減り……」と説明するより、「ある池でカミツキガメが在来種を食べています！」というほうが、話はシンプルだ。その流れが加速している今、もう少し冷静になって、私たちが何をすべきかを考えたい。

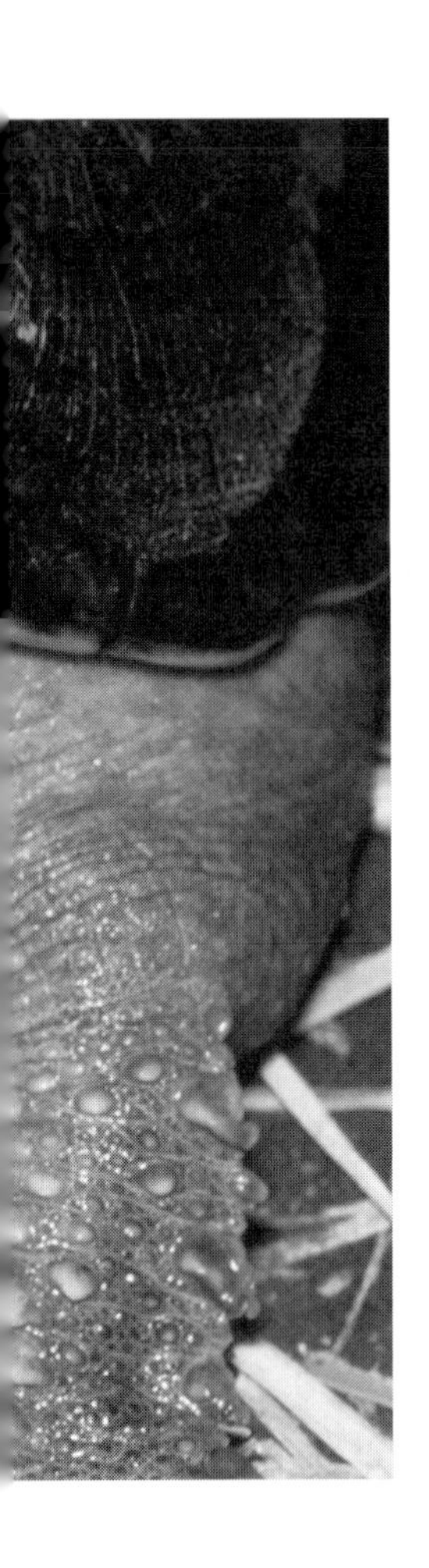

カミツキガメは悪役にされることが多い。たしかに人間にとっても危険な生きものだ。しかし在来種を絶滅させるほどの影響があるのかは、データを集めて調べてみる必要があるだろう

C O L U M N

梅が外来種だと聞くと、意外に思う人が多いのではないだろうか

2019年は、令和元年。この新元号は、万葉集からの引用だという。元になったのは「梅花の歌」（梅花謌卅二首并序）にある一文である。

原文には「梅披鏡前之粉」とあり、訳の例としてウィキペディアには「梅は鏡の前の美人が白粉おしろいで装うように花咲き……」と書かれている。ともあれ、桜よりも早く咲く梅の花は、ようやく春が訪れることを告げる美しい花だ。

この梅は、実は中国からの外来種。この本で挙げたコスモスなど、私たちになじみの深い草木が、実は外来種という例は多いのだ。

もちろん「梅は外来種だから切り倒せ！」などと言う人はいないだろう。遣唐使が運んできたともいわれる梅は、人々が見て楽しむだけではない。梅干しや梅酒など、食文化にも深く入り込んでいる。外来種＝悪という見方だけでは無理があることの好例ではないだろうか。

第5章

必要なのはケース・バイ・ケースの対応

危険な外来種

この本では、「外来種をすべて守るべき!」と言いたいわけではない。池田先生に聞くと、やはり問題のある外来種もいる。その代表が、アリの仲間だ。

「ヒアリはニュースで耳にした人も多いでしょう。ほかにもアカカミアリ、アルゼンチンアリなど、問題になる種がいます。アリというのは、植物の種を散布する重要な生物です。上記の外来種のアリは、在来種を駆逐してしまうケースがあるんです」

一般の人にとって、アリに注目する機会はほとんどない。身近にいるアリの種類が変わって、気づく人はほとんどいないだろう。いつの間にか増えた外来のアリが、本来在来のアリが行なっていた種子の散布をしなかったとしたら、たしかに影響は大きいだろう。

ほかにも、世界各地で両生類の減少・絶滅を引き起こしたカエルツボカビは大きな脅威だ。カエルツボカビは真菌の一種で、両生類にとって致死的なカエルツボカビ症を引き起こす。ただしカエルのすべてが発症するわけではなく、たとえば日本にもいる外来種のウシガエルは、感染しても発症しないといわれている。

カエルツボカビが、カエルなど両生類の体表で繁殖すると、皮膚呼吸が困難になる。発病すると食欲の減衰が見られ、ひどくなると体が麻痺し、死んでしまう。致死率は90％ともいわれ、しかも感染力が強い。北米や南米、オーストラリアなどでは大きな問題となり、これが原因のひとつとなり、絶滅した種もいると考えられている。

カエルツボカビ症が発見されたのは１９９８年だが、２００６年には日本国内で飼育されていたカエルから、カエルツボカビが見つかった。それを受けて２００７年1月13日には、「カエルツボカビ症侵入緊急事態宣言」が発表された。

万が一、野外でこのカエルツボカビ症が蔓延したら、根絶する方法はないといわれている。これは単に、春になるとカエルの合唱が聞こえなくなって寂しい、などという問題ではない。もしカエルなどの両生類が激減したら、彼らが食べていた昆虫類が一気に増加する可能性がある。もちろんその中には、イネをはじめ農作物に被害を与える害虫も含まれるだろう。さらに、カエルは多くの鳥類、爬虫類、ほ乳類のエサになっており、彼らも大打撃を受けることは間違いない。

外来種のなかには、このように大変な事態を引き起こすものも多い。今のところ駆除する方法がない以上、入ってこないように水際で防ぐことが大切になる。

「外来種＝悪」は単純すぎる

今、なぜここまで外来種が、一方的にワルモノにされてしまったのか。その理由は、記者も含めてだが、「不勉強」ということに尽きると思う。記者自身も、やはりこの問題について取材することがなければ、深く考えることなく「手つかずの自然」っていいものだな……と思っていたはずだ。ダムや堰堤、護岸、森林の伐採など、人間の活動によって環境が改変されるのを見ると、不満のひとつも漏らしたくなる。そういった「人間の悪行」のなかのひとつに、外来種を運んできたということも入っていたわけだ。

もちろん、排除すべき外来種もいるだろう。本書で紹介したのはほんの一部だが、ヒアリやカエルツボカビなどがそうだ。また地域によって数をコントロールしたり、できるだけ減らす努力をすべき外来種もいる。たとえばニッポンバラタナゴのいる池にブラックバスを放すというのは、厳に慎むべきだ。

だが外来種が悪影響ばかり与えているかというと、実はそうでもない。フレッド・ピアス『外来種は本当に悪者か？』（草思社）の冒頭には、西大西洋に浮かぶイギリス領のアセンション島の例が紹介される。この島はかつて「大海に浮かぶ荒涼たる孤島」と言われ、「丸裸の醜悪な姿」をさらしていた。そこに人間がさまざまな植物を運び込み、現在は鬱蒼とした森林が広がっているという。そして世界各地から動植物が集められてきたにもかかわらず、そこでは豊かな生態系が機能しているという。

生態系は長い時間をかけて構築され、だからこそ「手つかずの自然」を守るべき……。ほとんどの人はそう考えるだろうが、実はそうでもないという例が、アセンション島を含め世界中で報告されている。外来種が加わる影響は、個々の例をよくよく調べないことにはわからない。つまり一律で「排除せよ！」ではなく、それぞれの地域、あるいは池によって「ここでは○○の数をコントロールすべき」、「こちらでは特に何もする必要はない」など、対策を考えるべきなのだ。

何を目指すべきなのか?

もうひとつ考えたいのは、そもそも外来種の排除がとても難しいということ。減ってほしくない種が絶滅したり、減らしたい種がはびこったりというのは、どうしようもない部分がある。仮に完全に排除するのが望ましいとしても、それができるかどうかは別問題だ。

種によっては、人間が一時的に数を減らしたことで、その後爆発的に増殖するケースがあるという。定期的に駆除を行なえばある程度減らすことはできるだろうが、それでは負担も大きい。であるならば、もっとほかの方法、たとえば共存の道を模索するのも手ではないだろうか。

たとえば失われた種の穴を埋めるため、よく似たニッチの生物を導入するという試みが実際に行なわれている。アメリカのイエローストーン国立公園では、オオカミを再導入している。当然、反対も多かったが、今では生物多様性が増えたことが報告されている。

実は日本でも、絶滅してしまった(と考えられている)ニホンオオカミの代わりに、海外からオオカミを移入するという案が出されたことがある。これは極端な話だが、外来種の力を借りて生態系をコントロールする例も、過去にいくつかある。

もともと日本の「手つかずの自然」では、ニホンオオカミが生息していて、シカなどの動物の数がコントロールされていた。人間の活動によってニホンオオカミがいなくなった穴を埋めるべく、海外からオオカミを連れてきて埋める……。乱暴に思えるが、そのような話を聞くと、いったい何が守るべき自然なのか、ますますわからなくなってくる。

子どもたちには正確な知識を

池田先生の話を聞いていると、当初外来種問題に感じていたモヤモヤが、少しずつ明らかになっていった。

それと同時に浮き彫りにされた最大の問題は、外来種＝悪だという印象が、メディアを通じて子どもたちにまで植えつけられていることだ。外来種だからといって、まとめて駆除するのではなく、ケース・バイ・ケースの対処が必要なのだ。

人にもいろいろいるように、外来種だっていろいろなのだ。本当に駆除が必要なのかどうか。

あるいはそれが不可能なら、共存していく道はないのか。よく考えてみる必要がある。

「子どもへの影響は心配ですね。今の外来種の取り上げ方では洗脳といいますか……。外来種＝悪という画一的な物の見方は、差別にもつながりかねません」

池田先生の自宅を辞去した後、この言葉がいつまでも脳裏にこびりついていた。

第6章

群馬県邑楽町に見る外来魚駆除の現実

中野沼の例

実際の外来種駆除の現場は、どのようなものなのだろう。

群馬県にある邑楽町では、7年前から外来種の駆除を行なっている。駆除を行なっているのは、町の東部にある中野沼。周囲約1・2㎞、面積約4・4ヘクタール（水表面積3・4ヘクタール）の農業用溜め池である。もともとこのあたりは小さな池が点在する低湿地だったそうで、1980年に浚渫（しゅんせつ）（水底をさらって土砂などを取り除くこと）が始まり、1986年には今のような東西2つの沼（東沼と西沼）と、それをつなぐ水路が完成した。

1996年、中野沼の水質保全をはかるため、植物を利用した水質浄化の構想が持ち上がった。それにともない、1998年に植物、水生動物、トンボ類の調査が行なわれた。その結果、特に西沼の水質はきわめて良好で、生息する動植物の種類も豊富なことがわかった。

ここで見つかったのは、たとえば関東地方ではあまり採集記録のないムネカクトビケラ。主に山地の渓流に棲み、水質の汚濁に弱いナミウズムシ（ともに群馬県のレッドデータリストで

普段は釣りができない群馬県邑楽町にある中野沼の西沼。「外来魚駆除大作戦」の当日は、多くの親子連れが釣りザオを手に岸に並んだ

「外来魚駆除大作戦」の際、子どもたちに外来魚について講義をする柏瀬巌さん

注目種にランクされている)。そして国内では利根川と信濃川下流域、および宮城県の池沼だけで確認されているオオモノサシトンボ(群馬県のレッドデータリストでは絶滅危惧種Ⅱ類に分類されている)などがいる。そのほかにもトウキョウダルマガエルやキンブナなど、さまざまな生物が棲んでいる。

また植物も豊富で、青森県から鹿児島県までの18県で絶滅危惧種になっているスジヌマハリイや、その後の調査では38都府県で絶滅あるいは絶滅危惧種になっているガガブタなどが確認されている。

これら希少な動植物が確認されたことから、中野沼は1999年に町指定天然記念物「中野沼と水生動植物群」として保護されることになった。

この沼で外来種駆除を行なうことになったきっかけについて、同町教育委員会生涯学習課長の半田康幸さんはこう語る。

「中野沼は町の天然記念物に指定されて、西沼では動植物を守るために釣りを禁止していました。ところがここにはオオクチバスがいるので、釣り人が入ってきてしまう状況でした。そこで、その釣り人たちも巻き込んで何かできないかと考えたことがきっかけです」

その結果、町では年に1回、「外来魚駆除大作戦」という釣りのイベントを開催することになった。ミミズなどのエサや、ルアーという疑似餌を使った釣りによって、オオクチバスやブルーギルを駆除するのが当初の目的だった。環境省が特定外来生物に指定して、駆除を推奨しているのだから、駆除行為自体はごく自然なことだと考えられた。子どもたちには「外来魚＝悪い魚をやっつけよう」といった内容のチラシを配り、イベントは始まった。

ところが実際にスタートしてみると、さまざまな問題が浮上した。まず、子どもたちが大勢参加するイベントで、釣りあげた外来種を殺してしまうことに抵抗があるという声が上がり始めた。単に特定外来生物に指定されているからといって、殺してしまってよいものなのか？

外来魚だけど……かわいそう

オオクチバスは、2005年に「特定外来生物による生態系に係る被害の防止に関する法律」が施行されたことにより、釣ってからほかの水域に放流するのはもちろん、生かしたまま持ち

38cmのオオクチバスを釣った親娘は、娘さんが学校でこのイベントのチラシを見て、「釣りをしてみたい」と参加を希望した

中野沼では、オオクチバス、ブルーギル、カムルチー（ライギョ）、ミシシッピアカミミガメなどが駆除の対象になっている

運んだり、飼育したりすることが禁止されている。つまり、基本的には釣ったら殺すしかないわけで、いくら子どもたちが「かわいそう」と思っても、町としてはどうしようもなかった。

そこで邑楽町の教育委員会は、環境省からオオクチバスとブルーギルの飼養等許可を取得した。これにより上記2種に関しては、生きたままの運搬と展示用の飼育が可能になったのである。またこの許可を受けた者同士であれば、これらの魚種の受け渡しも行なえるようになった。

現在、邑楽町の「外来魚駆除大作戦」では、釣ったオオクチバスなどを、県内の管理釣り場に引き取ってもらうなどして、すべてを殺さなくてすむようになった。

このことは、何より子どもたちのために、重要な改革だったと思われる。

殺さなくてすむ方法

邑楽町の教育委員会が飼養等許可を得るにあたり、相談役として助言をしていたのが、柏瀬巌さん。日本釣振興会群馬県支部長で、太田市で釣具店『オジーズ』を営んでいる。柏瀬さんがこの大会にかかわるようになったのは、まだ殺処分での駆除が行なわれていたころだ。同イベントで子どもたちへ外来魚と環境について教える講師役を買って出たのがきっかけだった。

柏瀬さんはこう話す。

「外来魚をワルモノと決めつけて駆除をするのは簡単なことですが、それを何の疑いもなく子どもたちが受け入れているのに違和感を覚えました。大人がいろいろな意見を踏まえて駆除を決めるのは仕方ない面もありますが、子どもたちに参加してもらうのであれば、自分で外来魚や環境問題について考えられるよう正しい知識を身につけてもらいたいと思い、毎年講師役をしています。そんななかで出てきた『殺したくない』という意見を聞いて、教育委員会の皆さんが動いてくれたことに感動しています」

飼養等許可を得ることは決して簡単なことではなかったという。それに加えて捕獲したバスを殺処分しないことについて厳しい意見が寄せられるのではないかという懸念もスタッフの間で持ちあがった。それでも決行したのはなぜなのか、教育委員会の網倉雄二郎さんに聞いた。

「私どもは中野沼の生態系保全のためにこの活動をしているわけですが、駆除の対象となっている魚の命を救えるのであればそのほうがいいですし、その魚を飼育展示して子どもたちや町の皆さんに知識を深めてもらえればなおいいですよね。在来種にとっても外来種にとっても人間にとってもいいことしかないんです。教育の観点からみても、今後も同じかたちでやっていけたらいいいと思っています」

水をぜんぶ抜いたら……？

邑楽町には、池の水をぜんぶ抜いて駆除する話も持ち上がったという。だが、そのことが在来の生物にどのような影響を与えるのか、はっきりとはわからなかった。たとえば中野沼には、群馬県の絶滅危惧種に指定されているマミズクラゲが生息している。繁殖する場所など詳しいことがわかっていなかったので、安易に水を抜いて乾燥させてしまえば、マミズクラゲに影響を与える可能性があったのだ。

マミズクラゲは、卵からポリプへと成長して、水底の木や枯葉、石などに付着してコロニーを作るといわれる。その部分が干上がれば、中野沼のマミズクラゲは絶滅したかもしれない。

もっともこのマミズクラゲも、実は外来種だといわれている。なにがなんでも外来種を駆除したいのなら、水を抜いてもよかったのかもしれないが……。

また植物についても、やはり水を抜くことの影響が懸念された。前述のように中野沼には希少な植物も多く、それらが水を抜いて乾燥したことでどのような影響を受けるのか、予測ができなかったのである。

また、仮に水を抜いたとしても、外来魚を捕獲し尽くすのは難しい。稚魚や卵が残ったりして、再び増えてしまうことがほとんどだ。

そのような経緯から、町は釣りという一見非効率的な手段を採用することになった。もちろん、外来魚をすべて釣りあげるのは不可能である。ちなみに2018年に釣れたオオクチバスは5尾、ブルーギルは562尾だった。

この数字は、はっきりいってしまえば駆除というには少ない。しかし安易に沼を干上がらせていたなら、失われるものは多かっただろう。そして効率は決してよくないものの、邑楽町が釣りという方法を選択したことで、得るものは大きかったという。

生きものと触れ合う機会

もともと外来魚駆除を目的としてスタートした同イベントだが、邑楽町では現在、ほかのメリットを見出しつつある。

7年間行なってきた「外来魚駆除大作戦」では、毎回200名前後の参加者が集まる。大人と子どもが一緒になって、天然記念物に指定された環境に触れられるというのは、得難い経験だ。名目は外来魚駆除だが、親子で釣りイトを垂れ、生きものを観察することができる貴重な機会になっている。

このような取り組みがなければ、そもそも中野沼に貴重な生物がいることを知らない町民が多くいたはずだ。また実際に沼で生きものを観察することで、その生態について学ぶことができる。

さらにいえば、外来魚を殺処分していたのが、今は生きたままで引っ越しさせるようになったという経緯も、命の大切さを理解することにつながっているはずだ。

「運営側にとっても、このイベントを通じて学ぶことが多かったんです」と、半田さんは言う。

ちなみに現在、同イベントのチラシを見ると、冒頭には以下の文章が書かれている。

「釣り体験を通して外来生物問題や動植物の命、中野沼の豊かな自然環境について考えてみましょう」

転換期

釣りにせよ、水を抜くにせよ、外来魚駆除が難しいことはすでに述べた。118ページで解説するが、環境収容力が変化しない限り、中野沼の外来生物は駆除の後、すぐに元の数に戻ってしまうと思われる。また今のところ、外来魚駆除を行なった結果、在来種が増えたなどのデータは得られていない。

邑楽町では現在、効果がはっきりしない外来魚駆除を今後も続けていくべきなのか、活発な議論が続けられている。町民たちは今、本当に正しいのはどのような道なのかを模索しているところなのだ。

邑楽町のような例は、今後ますます増えていくかもしれない。というのも、すでに世界中の科学者たちの間で、外来種についての認識が変わりつつあるからだ。

近年、外来種問題をテーマにした本がいくつも出版されている。海外の書籍の翻訳も多く、『外来種は本当に悪者か？　新しい野生 THE NEW WILD』（フレッド・ピアス 著／藤井留美 翻訳／草思社 2016年刊）、『外来種のウソ・ホントを科学する』（ケン・トムソン 著／屋代通子 訳／築地書館 2017年刊）、『「自然」という幻想　多自然ガーデニングによる新しい自然保護』（エマ・マリス 著／岸 由二 訳／草思社 2018年刊）などだ。いずれもこの問題を、「外来種は駆除すべき」という単純な結論ではなく、もう少し深く考える必要があると説いている。

これら書籍に携わった関係者に話を聞くと、日本でも早晩、外来種をワルモノと決めつける風潮は、転換期を迎えるのではないかとのことだった。

今のところ、日本で「場合によっては外来種との共存も可能ではないか」という意見は、主流とはいえない。しかし少なくとも在来種と外来種の間には、善悪の明確な区切りがあるわけではないことは、理解しておくべきだろう。

目的は何なのかを明確に

私たちはもう少し、外来種と在来種を公平な目で見る必要があるのかもしれない。自然保護活動では、人によって目指すビジョンが異なる。その地域に人が入る以前の原始的な環境を作りたいという人もいれば、単純に多くの生物種が生きられる場所を守りたい人もいるだろう。あるいは、たとえば都市部のなかでも人々が癒されるような、箱庭的な自然を作りたい場合もある。

本来、まずはそのような目的を明確にして、そのうえでどのような方法でそれを達成するのかが、順序としては正しいはずだ。しかし現状では、なぜか外来種だけが悪役を一手に引き受けている。まるで彼らさえいなければ、すべてがよくなるとでもいうような……。

実際に自然保護の現場にいる人に話を聞くと、外来種と在来種の区別にそれほど意味があるのか疑問に思う。

人の立ち入りを完全にシャットアウトするのならともかく、ある程度人が入るのなら、たと

オオクチバスとブルーギルの飼養等許可を取得した邑楽村では、受け入れ先が見つかれば、釣りあげられた魚をお引っ越しさせることができる

釣れたオオクチバスを、管理釣り場は運ぶトラック。「殺さなくてもよいのでは？」と考え、最終的に引っ越しの可能性を見つけた邑楽村のような例が、今後は増えていくかもしれない

えばスズメバチやマムシといった危険生物については、在来種であってもそれなりの対策が必要だ。人が歩くルート付近では、ハチの巣を駆除しなくてはいけないだろう。

一方で、その場の生態系に大きなダメージを与える外来種は、やはり駆除しなければならない。だがその方法は慎重に検討すべきだ。単純に捕獲するだけで駆除が可能ならよいが、たとえばその外来種が生息しづらい環境にするとか、あるいは天敵を増やすなどの手も考えられる。その際には、もちろん他の生物にも配慮が必要だ。外来種を駆除したはいいが、肝心の在来種まで死んでしまっては意味がない。

無尽蔵に資金があるのならいいが、そうではない場合、ある程度の妥協も必要になるかもしれない。現在、特定外来生物に指定されている種の多くは、それだけ駆除が困難な種だともいえる。完全な排除が難しいのなら、外来種がある程度いても在来種が守られる環境を作る手もある。たとえばオオクチバスがいる池でも、水生植物を増やしたり、浅瀬を作ったりすることで、守られる生物が増えるはずだ。

いずれにせよ、外来種駆除は手段であって、目的ではない。それだけを声高に叫ぶのではなく、それによって何が達成できるのか、私たちは再考する必要がある。

COLUMN

外来種に依存する在来種

カブトムシやクワガタなどが、里山の雑木林に多く棲むことは解説した。このように、人が手を加えた環境によく見られる生物は決して少なくないが、なかには外来種のおかげで数を増やした生物もいる。

クロサワヘリグロハナカミキリという、比較的珍しい種類の昆虫がいる。通常、この昆虫は在来種であるキハダなどの木にいるのだが、近年は外来植物のハリエンジュ（ニセアカシア）にいるのがよく見られるという。外来種が増えたために、この小さな昆虫は数を増やしているのだ。

ちなみにハリエンジュは花や新芽が食用になり、ハチミツも採れる有用な植物である。成長が早いので、荒地の緑化などにも貢献しているようだ。

外来種が来て困る生きものもいるが、なかにはそれを利用する種もいる。彼らは彼らなりに、臨機応変に生きているのだ。

ハリエンジュの花は、天ぷらなどで食されることもある

第7章

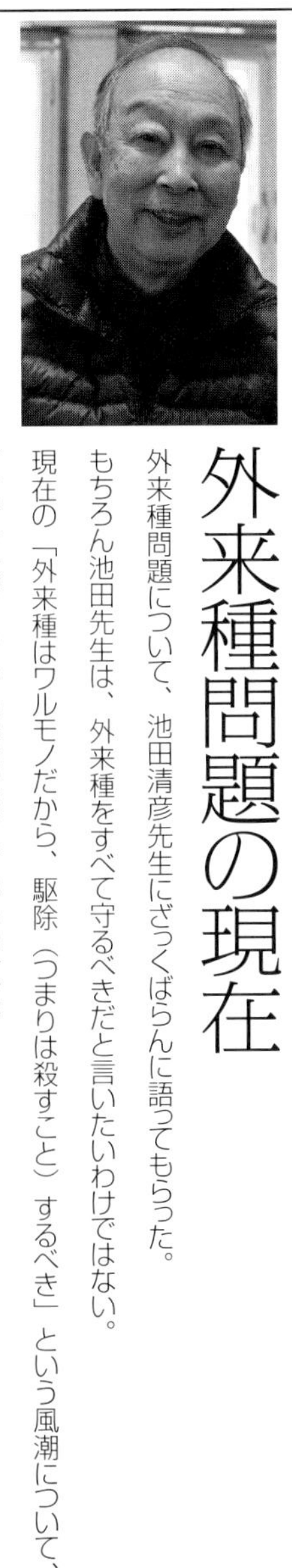

池田清彦が語る外来種問題の現在

外来種問題について、池田清彦先生にざっくばらんに語ってもらった。

もちろん池田先生は、外来種をすべて守るべきだと言いたいわけではない。

現在の「外来種はワルモノだから、駆除（つまりは殺すこと）するべき」という風潮について、さまざまなデータから異論を唱えているわけだ。

池田先生の言葉から、外来種について改めて考えようと思ったなら、それだけで本書の目的は充分に達成されたといってよい。

竹ヤリで戦うようなもの

外来種をコントロールしなければいけないのは、たしかに間違いありません。しかし、池の水を抜いて駆除するようなやり方では、戦時中にアメリカ軍に対して竹ヤリで対抗したのと同じようなことです。池の水を抜いて、生物を捕まえて、選別して……というのを全国でやるとしたら、その労力に対してのメリットはほとんどないでしょう。本当にコントロールしたいのなら、もっとほかの方法を考えなければいけません。

また、これは根本的な部分ですが、外来種をすべて駆除しないといけないわけではありません。在来種への影響などを考えても、別にどうってことのない外来種もいるんです。今までは外来種だともいわれず、いても問題ないとされてきた生物が、ある日突然外来種だといわれて、急に駆除する動きが出てきたケースもあります。たとえばコイは、比較的最近になって外来種だといわれ始めた生物です。以前は問題にされていませんでしたが、今は駆除されることもあります。

外来種の定義は恣意的

外来種の定義というのは、とても恣意的です。本書で紹介したコスモスとオオキンケイギクの例もそうです。現在、環境省は明治以前に入ってきた種については、特定外来生物から外しています。しかし明治時代と江戸時代の区別なんて、人間が勝手に決めたものです。別に自然史的に大きな断絶があるわけではありません。

もちろん外来種のなかでも病気を媒介するものや、田畑の作物を食い荒らすものなどは、駆除する必要があるでしょう。しかし在来種に対してそれほどインパクトのない種に関しては、別にいても困らないわけです。

日本列島は、生物学的な時間の見方で考えれば、少し前まで大陸とくっついていました。人間が来たのもたかだか2万5000年くらい前のことです。そう考えると、日本列島において最もやっかいな外来種は人間だともいえるでしょう。人間が来たおかげで、多くの在来種が滅ぼされてきたわけですから。

生態系は変わっていくもの

外来種を駆除して在来の生態系を守ろうとする動きは、おそらく在来の生態系という確固としたものがあると考えているからでしょう。しかし実際には、固有の生態系というものはありません。生態系というのは、どんどん変わっていくものですから。

日本でも、江戸時代にいた生物と今いる生物ではだいぶ違います。4000年くらい前、縄文時代にだいぶ生態系が変わりました。それまで人間は狩猟採集していましたから、農耕ではなく、自然にあるものを食べていたわけです。それが縄文時代になって、栗などの栽培が行なわれるようになりました。里山ができはじめたのは、このころだと考えられます。人間が木を切って、雑木林ができていったわけです。今では里山の生態系が大切にされていますが、もともとは人間が作ったものなのです。

里山の雑木林は、放っておくと遷移が進んでいきます。関東あたりだと落葉広葉樹の林が常緑広葉樹に変わります。

今の里山の生物は、落葉広葉樹に適応しています。オオムラサキやオオクワガタなども、つまり人間が手を加えた自然に入り込んできた生物で、里山があるおかげで繁栄している生物です。そういうことを考えると、何が本来の生態系なのかわからなくなってきます。

いてもどうってことのない外来種

生物のなかには人為的に運ばれた種もいれば、勝手に移入したものもいます。今は、人為的に入ってきた種が外来種だという勝手な定義を作っていますが、どちらかよくわかっていない種もいるんです。これだけ人間や物が移動するグローバルな世の中になっているんですから、鎖国でもしない限り生物は入ってしまいます。たとえば大きな被害を与えるヒアリを駆除するのはわかります。しかしどうでもいい外来種もいます。

このあたり（東京都西部）にはアカボシゴマダラというチョウがたくさんいます。幼虫はエノキを食べるのですが、だからといって他のエノキを食べるチョウが減ったわけではありません。エノキは大きいので、少々食べられても葉がなくなるほどではありません。小さな草を食べている種同士ならコンペディションン（競合）が起こるかもしれませんが、今のところアカボシゴマダラがいても、さして影響はありません。

また他のチョウとはニッチも少し異なるようで、山の大きなエノキはオオムラサキなどが食べていますが、公園などに植えられた小さなエノキにアカボシゴマダラは付くようです。

つまりアカボシゴマダラは、人間が作った環境に適応しているといえます。このように人間が改変した環境によって、ある生物が増えて別の生物が減るということはよくあります。外来種が増えると、すぐさま駆除という話になるのですが、実際には在来種でも増えて困る種はいます。たとえばシカなんかがそうですね。

外来種によるコントロール

ニホンジカはもちろん在来種で、人間が日本に来るより前からここにいたと考えられていますが、最近は増えすぎて森林の生態系に大きな被害を与えています。その被害の大きさは、外来種の比ではありません。

一般社団法人 日本オオカミ協会（会長：丸山直樹　東京農工大学名誉教授）は、増えすぎたシカをコントロールするために、大陸からオオカミを導入しようという案を出しています。もちろん反対する人は多く、日本では実現が難しいと思います。ですがアメリカのイエローストーン国立公園ではカナダからオオカミを導入して、増えすぎていたシカの個体数がある程度減ったそうです。今のところイエローストーンでは、人間が襲われたことはないようです。またオオカミに食べられた家畜の保障をする基金も立ち上げたそうですが、被害はほとんどないようです。

これなどは、外来種を使って生態系をコントロールする例ですね。もちろん、外来種をすべて否定するなら、このようなことも不可能です。

役に立つならいてもOK?

有用な外来種は他にもたくさんいて、農作物はそのいい例です。これらは、もちろん駆除されることはありません。しかし見方によっては、イネは２５００年前に入ってきた侵略的外来種だといえます。

悪役になることが多いブラックバスも、同じく外来種として嫌われるアメリカザリガニの個体数増加を抑える側面があります。金沢でブラックバスを駆除したら、アメリカザリガニが増え、ゲンゴロウの仲間が減ってしまったという例もありました。

ワカサギも外来種ですが、漁業の対象になって美味しい魚なので、こちらは守られています。ブラックバスも釣り人に人気があります。ブラックバスが釣れる場所では、ボート店などの利益になりますし、釣り具メーカーなども潤うわけで、その意味では人間にとって有用な生物だといえます。

外来種は爆発的に増えても、減るのが一般的なパターンです。琵琶湖のブラックバスも、一時に比べればだいぶ減ったようです。池の水を抜いて捕まえるような、効果の低い駆除にお金をかけるより、上手くコントロールする方法を考えたほうがよいと思うのですが……。

外来種を駆除しようとする原理主義者は、理想の生態系があって、それがずっと続くと思いがちです。しかしそんなことはあり得ません。気候も変わるし、人間も環境を改変してしまいます。当然、そこにいる生物は変わっていきます。結局私たちが生きるために、どの程度は許容できて、どの程度は許容できないのかを判断していく必要があります。外来種によって、本当に駆除すべきか、あるいは少々ならいてもよいのか、改めて検討したほうがよいでしょう。

遺伝子が混じり合うのは悪なのか

人間は勝手なものです。日本のトキがいなくなったら中国のトキは入れて、一方でチュウゴクオオサンショウウオはダメだとか……。またタイワンザルとニホンザルの交雑種を殺すのも、ひどい話だと思います。

実は人間というのは、遺伝子汚染の産物といえます。日本人なら、ネアンデルタール人（一部の人たちはさらにデニソワ人）の遺伝子が混じっています。アフリカに留まっていてユーラシア大陸に渡ってこなかった人類以外の現生人類は、すべてネアンデルタール人の遺伝子を持っています。つまり、人類の遺伝子も他種と混じり合っているわけです。

遺伝子が混じり合うことには、よい側面もあります。たとえばニホンザルにタイワンザルの遺伝子が入って、もしそれがなんらかの病気に耐性があるとか、気候の変化に対応できるとかのメリットがあれば、そのほうが生き残る確率は高くなります。

人間の場合、ネアンデルタール人からもらった遺伝子というのは、おそらく耐寒性に優れた性質があったのではないかと思います。ホモ・サピエンスがネアンデルタール人と交雑したのは、8万年から7万年前と、5万年前の2度あったと考えられています。地球では最終氷河期が1万年前に終わりましたが、この寒かった時代、ネアンデルタール人の遺伝子を持っていたものが生き延びて、持っていなかったものは滅んでしまったのではないかと考えられています。そのため今の人類はすべて、ネアンデルタール人の遺伝子を持っているわけです。

つまりホモ・サピエンスは、言い方を変えればネアンデルタール人による遺伝子汚染があった結果、生き延びているわけです。ニホンザルも、タイワンザル遺伝子を持っている個体が、なんらかの環境変動に耐えられるという可能性はあります。自分たち人類のことを棚に上げて、ほかの生物は交雑を許さないというのも、勝手な理屈だと思います。

生物は勝手に交雑するもので、それはある意味仕方のないことなのです。

クワガタの交雑

僕はクワガタを集めていますが、少し前から熱帯に棲む大型のクワガタなどが輸入されるようになりました。日本の冬は寒いので、彼らが定着することはないと考えられていたんです。ところが、たとえば熱帯にいるヒラタクワガタなどは、日本のヒラタクワガタと別種と思われていましたが、実際には交雑することがわかってきました。そうすると、日本のクワガタの耐寒性を獲得して、なおかつ姿は熱帯の大型種のようなクワガタが生まれ、定着する可能性が出てきます。

とはいえ、クワガタは木を枯らすわけではなく、病気を媒介するわけでもありません。別にいても特に悪さをするわけではなく、ただ見つけた人が「でっかいのがいた！」と驚くだけなんですが……。ところが先のタイワンザルの話と同じで、遺伝子汚染というのが問題になっているわけです。ただ生物はそうやって変化していくわけで、自然の成り行きともいえます。

環境収容力

『外来種は本当に悪者か』というフレッド・ピアスの本には、絶海の孤島にいろいろな外来種を入れたところ、複雑かつ豊かな生態系が生み出されたということが書かれています。そういうことを考えると、外来種だからといってむやみに駆除するのはどうかと思います。

生物にとって多様性があればよいのなら、外来種も在来種もあまり区別しなくてよいのではと、私は考えています。日本では、たとえば琵琶湖にはブラックバスをはじめたくさんの外来種がいますが、それで在来種が絶滅したかというと、そんなことはありません。琵琶湖の場合は琵琶湖総合開発によって浅瀬が減りました。それが在来種を減らし、一方でブラックバスにとって好適だったとも考えられています。

だから外来種をコントロールするなら、どういう環境にしたら減るのかを考えたほうがよいのです。ただ捕まえて殺すというだけでは無理でしょう。環境が変わらなければ、Carrying capacity（環境収容力。ある環境において、そこに継続的に存在できる生物の最大量）は変わりません。つまり、たとえば外来種を9割殺しても、またすぐに元に戻ってしまうのです。100％殺すことができればよいでしょうが、それはまず不可能です。そういうことを考えずに、1匹殺したから1匹減ってよかった、などというのは、ある意味で幼稚な考え方だと思います。

どのくらい採ってもよいのか

たとえば貴重なチョウが、採集禁止になっていることがありますが、これも同様の例です。実際には単に禁止するのではなく、どのくらいまでなら採って大丈夫かを考える必要があるのです。そういうことも考えずに、珍しいから採集禁止で、外来種は殺すなどというのは、単純すぎると思います。

日本はＩＷＣ（国際捕鯨委員会　International Whaling Commission）から脱退しました。南氷洋に50万頭ほどいるといわれるクロミンククジラは、獲っても問題ないと考えられています。日本もそう主張しています。

ところが日本国内では、まるで逆のことをやっている。「このチョウは、このくらいなら採集しても問題ないですよ」と主張しても、一度決めたからダメだというわけです。つまりＩＷＣと同じことをやっているわけです。

結局クジラを守ろうというのは、多くの国において受けがいいわけです。だからアメリカやイギリス、オーストラリアなど多くの国で、反捕鯨が主流になります。一方で日本国内では、クジラを獲るのは日本の伝統だといったほうが受けがよいわけです。

日本の今の風潮として、外来種を駆除しましょうというほうが、受けがいい。そのためテレビもそのように伝えるし、政府の方針もそうなっているわけです。しかし、それではやはり問題があります。科学的に考えて、どのくらいは許せてどのくらいは駆除すべきなのか、あるいは駆除するにしても、費用はいくら必要で、その効果がどのくらいなのかは考えるべきです。ただ闇雲に駆除しても仕方ありません。ほとんど情緒的に行なわれていて、一般の人はあまり考えずに、その流れに乗ってしまいがちです。でもこれは、ある特定の人種は劣っているとか、悪いことをするから殺してしまえというのと同じで、とても危険なことだと思います。

すべての命は大切

生物の命はすべて同じように大切です。外来種だから大切じゃないということはありません。もちろん人間の都合で、ある程度以上に増えるとさまざまな悪影響があるので、死んでほしいということはあるでしょう。畑にいる害虫などはそうですね。

結局のところ、つり人社から『底抜けブラックバス大騒動』を出したころ（２００５年）から、状況はあまり変わっていません。あまりにも厳密にやるのは無理なので、私はなんでも、ほどほどというのがよいと思います。しかし多くの人は、ほどほどというのは嫌なのかもしれません。とはいえ外来種は１匹たりとも許さないというのは、無理なんですがね……。

でも、この「ほどほどに」というのは大事だと思います。人間個人だって、年をとればすべての病気を完全に治すのは難しくなってしまいます。「あちこち調子が悪い部分もあるけど、だましだまし生きていくか」ということになるわけです。外来種の問題も似たようなものです。

今、外国人の労働者を大量に受け入れるかどうかといった議論がされています。外国人が来たら、当然ですが日本人と結婚するケースもあるでしょう。でもそれを遺伝子汚染などとは、誰も言わないはずです。

これはいずれも、自分たちの都合で決めたことを、後付けの理屈で正当化しているように思えます。外来種がけしからんというのも、やはり後付けの理屈でしょう。

移入先で見つかったクニマスの例

クニマスは、現在は西湖で確認されています。もともとの生息地だった秋田県の田沢湖では絶滅しましたが、人間が運んだ先で生き延びているわけです。

本書で紹介したグリーンアノールは、アメリカだとブラウンアノールに駆逐されて数を減らしています。小笠原では問題になっているトカゲですが、もし原産地で絶滅してしまったら、小笠原では保護すべきかどうかという面倒な問題が浮上するかもしれません。

私はオオカミの導入について、最初は反対していました。しかしニホンジカの害を考えると、一考の余地はあるかもしれません。もちろんオオカミは人を襲う可能性があるので、難しいでしょうが……。

ニホンオオカミが今も生き残っていたら、人が襲われたからといって、絶滅させるということにはならないはずです。それはクマのことを考えれば明らかで、今は野生のツキノワグマやヒグマがいますから、人が襲われた場合、クマを絶滅させろということにはなりません。しかしもしクマが絶滅して再導入するとなると、反対意見がほとんどになると思います。

ホンビノスガイは船のバラスト水によって運ばれた外来種ですが、漁業の対象になっているので、駆除されてはいません。

ちなみに、これは本筋とは関係ない話ですが、ホンビノスガイによく似たアイスランドガイでは５０１歳という個体が見つかったそうです。ホンビノスガイもかなり長生きするのかもしれません。

話を戻すと、要するに外来種や在来種の扱いをどうするかは、とても複雑な事情が絡んできます。在来種への影響、人間の都合などを考えたうえで、対応を考えなければなりません。

命の選別は許されるのか

池の水を抜いて外来種を駆除するのも、どれだけのメリットがあるのか、改めて考える必要があります。

このように外来種だからといって駆除することは、デメリットも大きいと考えています。特に子どもにとっては、殺していい生物と、殺してはダメな生物がいるという理論を教えるのは問題でしょう。

たとえば蚊は刺されると痒くなるからペシっと叩くというなら、子どもは理解できると思います。でも見た目がそれほど変わらない魚が、一方は殺してよくて、一方は殺さないというのは、子どもに納得できる話ではありません。

現在の外来種駆除については、はっきりいってしまえばナチスの優生思想に通じる部分があります。こちらの人種は劣っているから殺してもいいという考えと、似てきてしまう恐れがあるわけです。

命の差別化というのは、しないほうがいいんです。どうしても殺さなければいけないのなら、外来種だからというのではなく「この生物が生きていると、こういった理由で、我々にとって困ることがあるからです」ということを、秩序立てて説明する必要があります。

単に魚を食べるからだといっても、それでは肉食の生きものはすべて悪者かといえば、そんなことはないはずです。どの程度食べて、それによって絶滅に追い込まれる生物がいるからだと、きちんとデータが揃っているならまだわかります。

単に外来種だから、在来種だからというわけのわからない定義で命の選別をするのは、倫理的に問題があるでしょう。

【その他の用語】

索　引

【生物種など】

監修者プロフィール
池田清彦（いけだ・きよひこ）

1947年、東京生まれ。生物学者。早稲田大学名誉教授、山梨大学名誉教授。専門の生物学分野のみならず、環境問題、生き方論など、幅広い分野に関する著書が多数ある。テレビ、新聞、雑誌などでも活躍している。

レイアウト　吉永百合

池の水ぜんぶ“は”抜くな!

2019年6月1日発行
編集　月刊つり人社編集部
発行者　山根和明
発行所　株式会社つり人社
〒101-8408　東京都千代田区神田神保町1-30-13
TEL　03-3294-0781（営業部）
TEL　03-3294-0782（編集部）
印刷・製本　大日本印刷株式会社
乱丁、落丁などありましたらお取り替えいたします。

SBN978-4-86447-333-0　C2075
定価：本体1,000＋税
つり人社ホームページ　https://tsuribito.co.jp/
つり人オンライン　https://web.tsuribito.co.jp
site B　https://basser.tsuribito.co.jp/
釣り人道具店　http://tsuribito-dougu.com/